全国建设行业中等职业教育推荐教材

给水排水工程识图与 AutoCAD 习题集

（给水排水专业）

主编　邢国清
主审　程文义

中国建筑工业出版社

前　言

　　本习题集与《给水排水工程识图与 AutoCAD》教材配套使用,内容包括制图基本知识、投影作图、给水排水工程图、AutoCAD 绘图。使用时可根据专业特点及教学时数的不同,对内容作适当调整。

　　本习题集由山东城市建设学校邢国清、江苏省城镇建设学校张惠彬、湖北省城建职业学院邓军编写。全书由山东城市建设学校邢国清主编。

目 录

1. 字体练习(一)

(1)仿宋字。

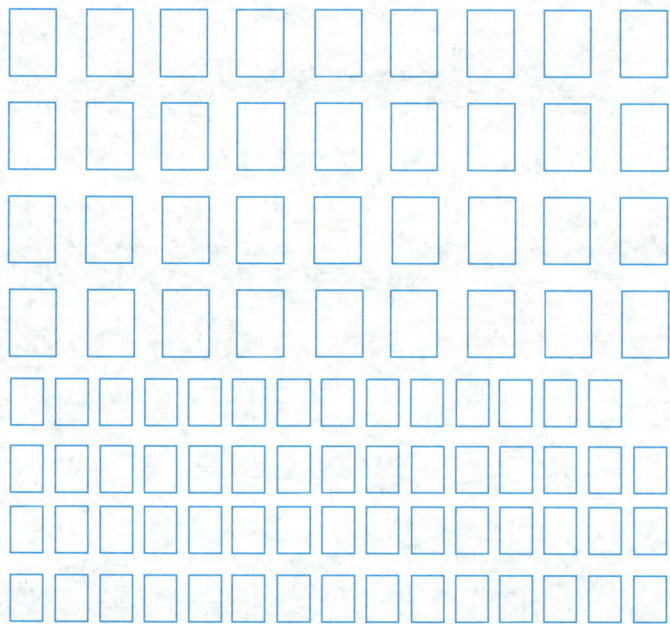

(2)英文大写字母。

(3)数字。

(4)英文小写字母。

1. 字体练习(二)

(1)仿宋字。

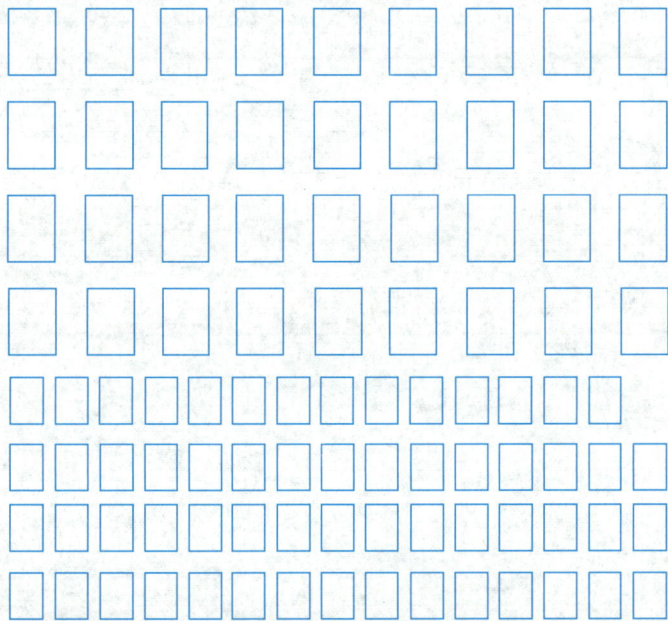

(2)英文大写字母。

(3)数字。

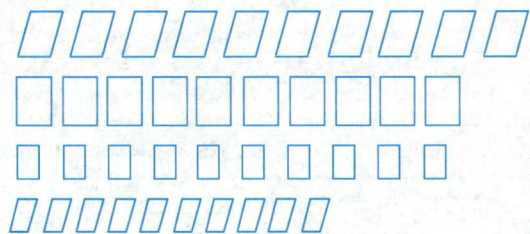

(4)英文小写字母。

1. 字体练习(三)

(1)仿宋字。

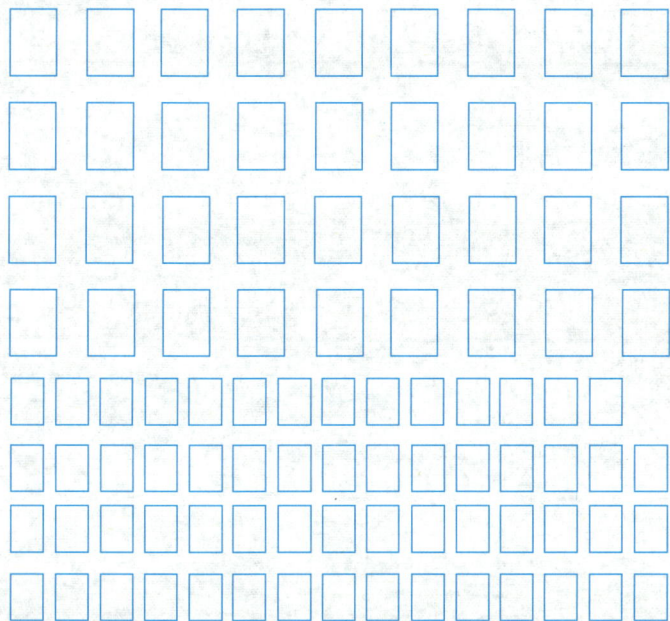

(2)英文大写字母。

(3)数字。

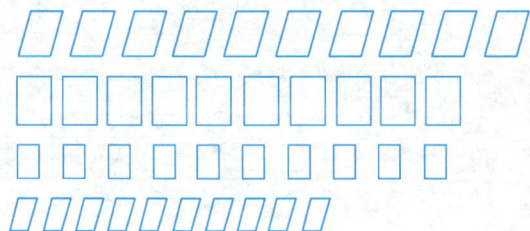

(4)英文小写字母。

1. 字体练习（四）

(1)仿宋字。

(2)英文大写字母。

(3)数字。

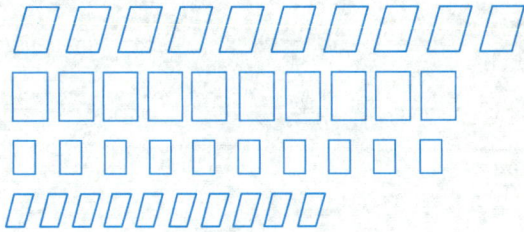

(4)英文小写字母。

1. 字体练习(五)

(1)仿宋字。

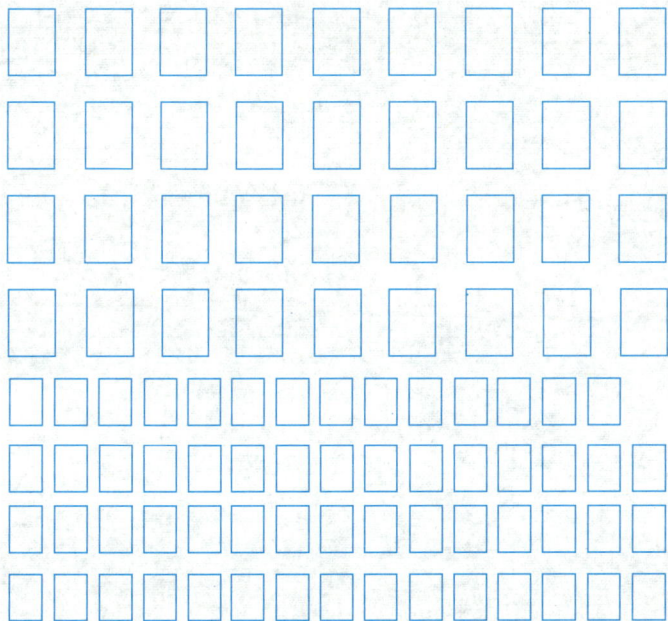

(2)英文大写字母。

(3)数字。

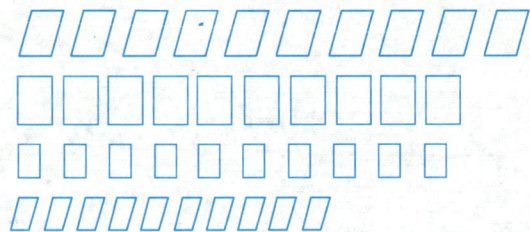

(4)英文小写字母。

2. 尺寸标注及比例应用（一）

（1）标注图中各角度尺寸。

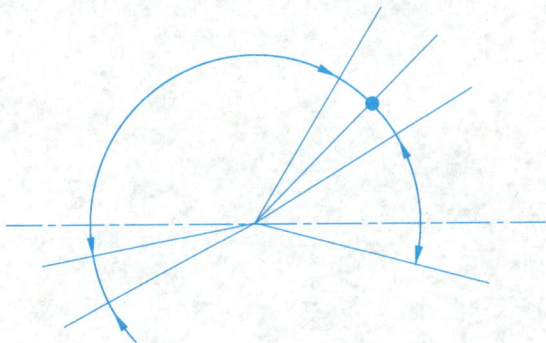

（2）按 1:20 的比例量取图中尺寸并标注。

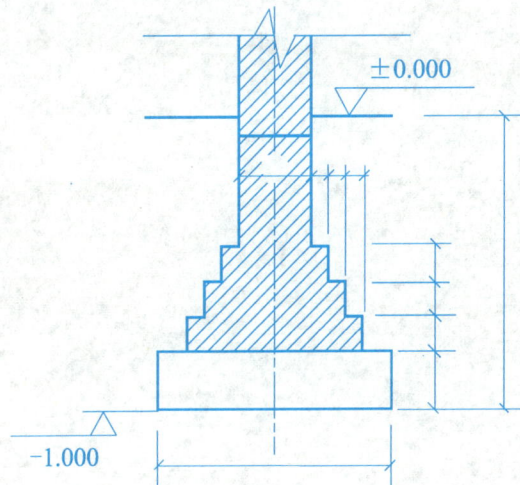

±0.000

−1.000

（3）检查左图中尺寸注法的错误，将正确的注法标在右图中。

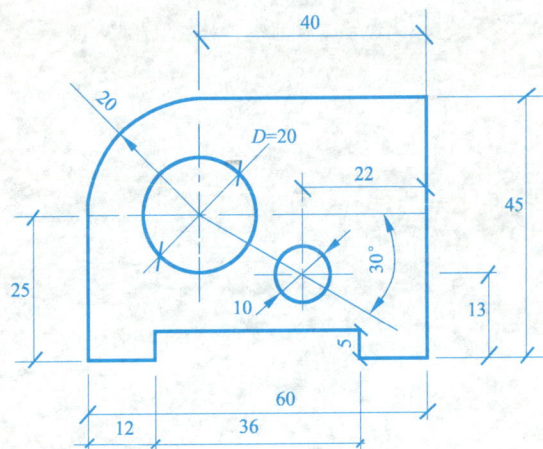

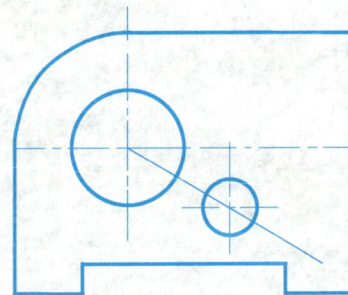

40

20

D=20

22

45

25

30°

10

13

5

60

12   36

3. 点的投影练习（一）

（1）已知形体的直观图和投影图，在投影图上标出 *A*、*B*、*C*、*D* 点的投影图。

1)

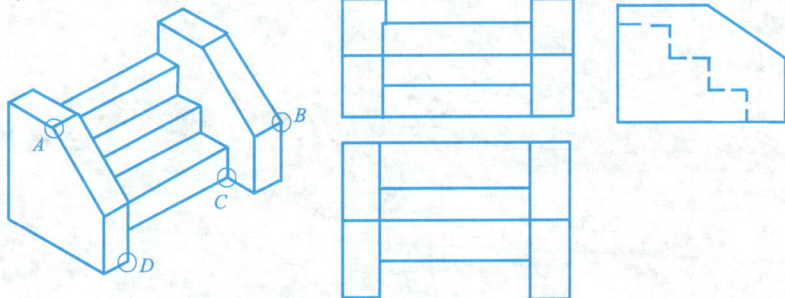

2)

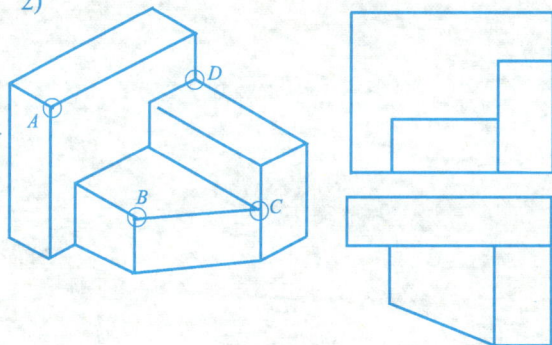

（2）已知形体的直观图及投影图，在直观图上标出点 *E*、*F*、*G* 点的位置。

1)

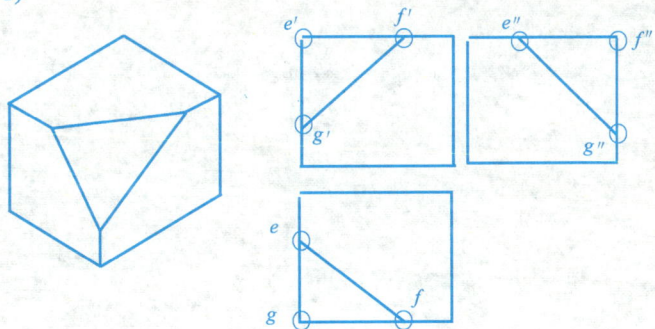

2)

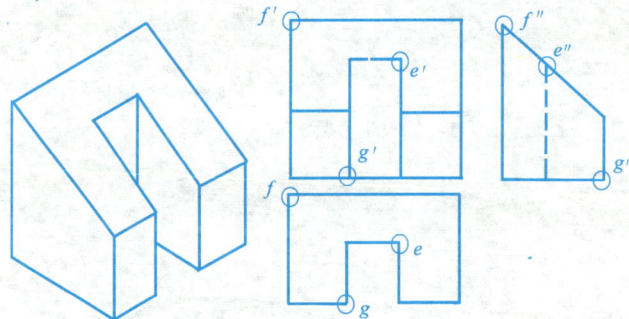

3. 点的投影练习(二)

(3)已知各点的空间位置,求作其三面投影图。

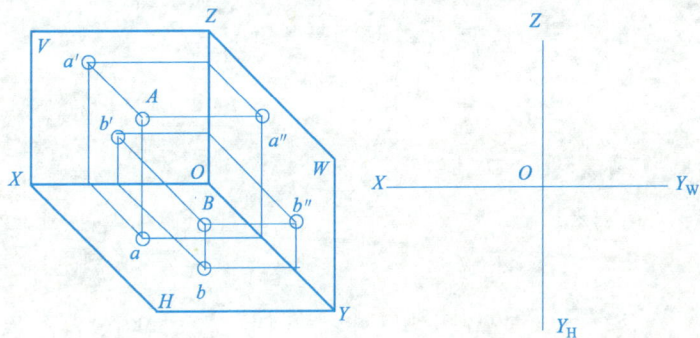

(4)已知各点的两面投影,求作其第三面投影图。

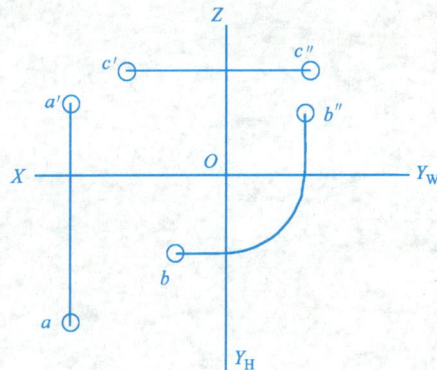

(5)已知点的坐标 $A(10,10,15)$、$B(20,15,10)$、$C(15,20,25)$,求作其三面投影图。

(6)根据表中所给距离,作出点的三面投影图。

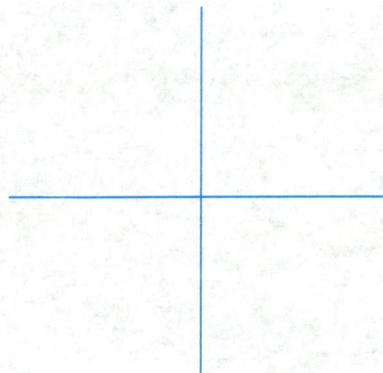

距离 点	距 H 面	距 V 面	距 W 面
A	15	5	10
B	10	10	0
C	0	0	20

3. 点的投影练习(三)

(7)根据各点的空间位置,求作其三面投影,并在表中填上各点到投影面的距离。(mm)

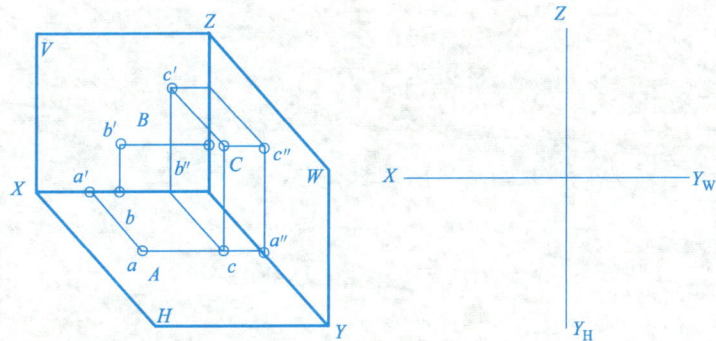

(8)已知各点的两面投影,画出它们的第三投影和立体图。并填写各点的坐标值。(mm)

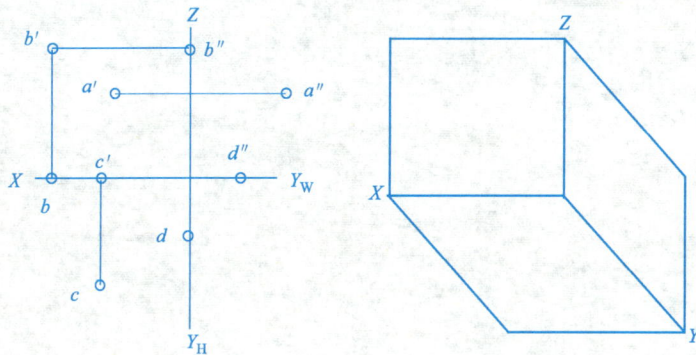

	A	B	C
点到 *H* 面距离			
点到 *V* 面距离			
点到 *W* 面距离			

	x	*y*	*z*
A			
B			
C			
D			

(9)已知点 M 在 V 面上,点 N 在 H 面上,点 K 在 W 面上,作点的另两个投影。

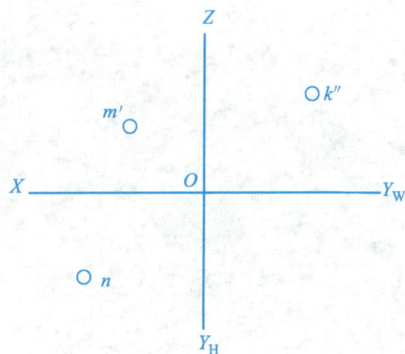

(10)作点的第三面投影,并判别重影点的可见性。

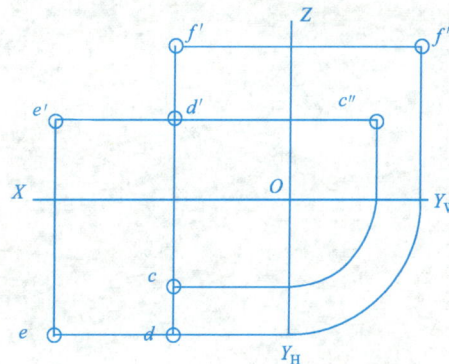

(11)已知点 A 在点 B 的左方 10mm,上方 8mm,前方 10mm,点 C 在点 B 的正右方 10mm,求作点 A、C 的三面投影图。

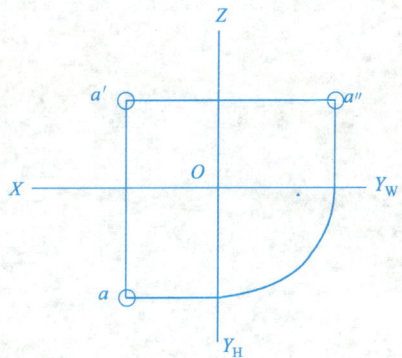

(12)判别两点的相对位置。

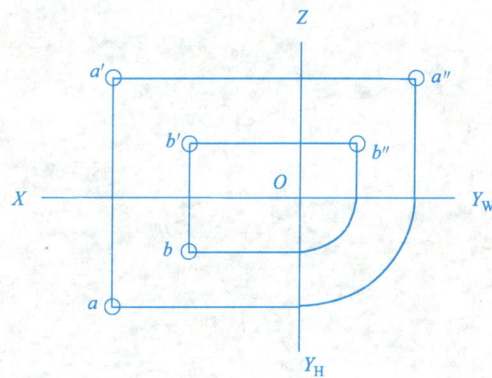

4. 直线的投影练习(一)

(1)求下列各直线的第三面投影,并判别各直线对投影面的相对位置。

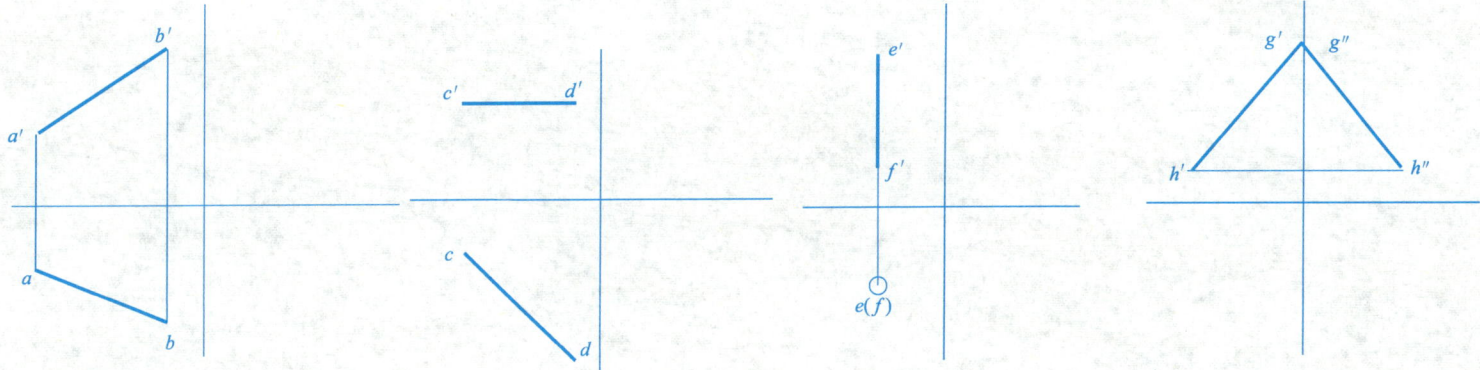

AB 是＿＿＿＿＿线   CD 是＿＿＿＿＿线   EF 是＿＿＿＿＿线   GH 是＿＿＿＿＿线

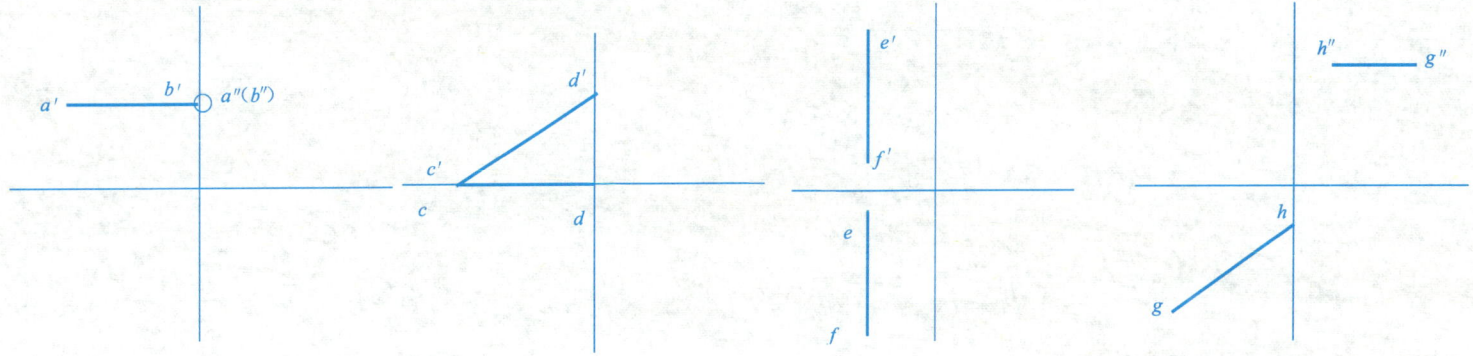

AB 是＿＿＿＿＿线   CD 是＿＿＿＿＿线   EF 是＿＿＿＿＿线   GH 是＿＿＿＿＿线

4. 直线的投影练习(二)

(2)已知铅垂线 AB 端点 A 的投影,长 20mm,求其三面投影图。

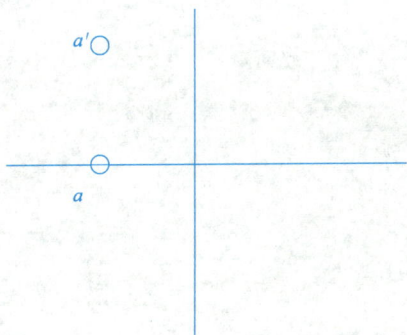

(3)已知直线 $CD /\!\!/ V$ 面,点 C、D 距 H 面分别为 5mm 和 15mm,求其投影图。

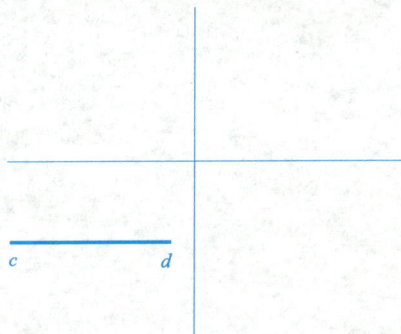

(4)已知点 E 的投影,过点 E 作水平线 EF,长 15mm,$\beta = 30°$,F 在 E 的右前方。

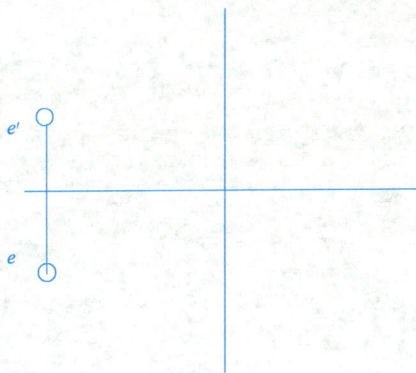

(5)已知直线 $GH \perp W$ 面,距 H 面距离为 10mm,长为 25mm,求作其三面投影图。

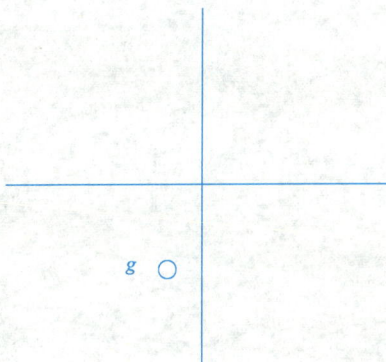

4. 直线的投影练习(三)

(6)判别下列各点是否在直线上。

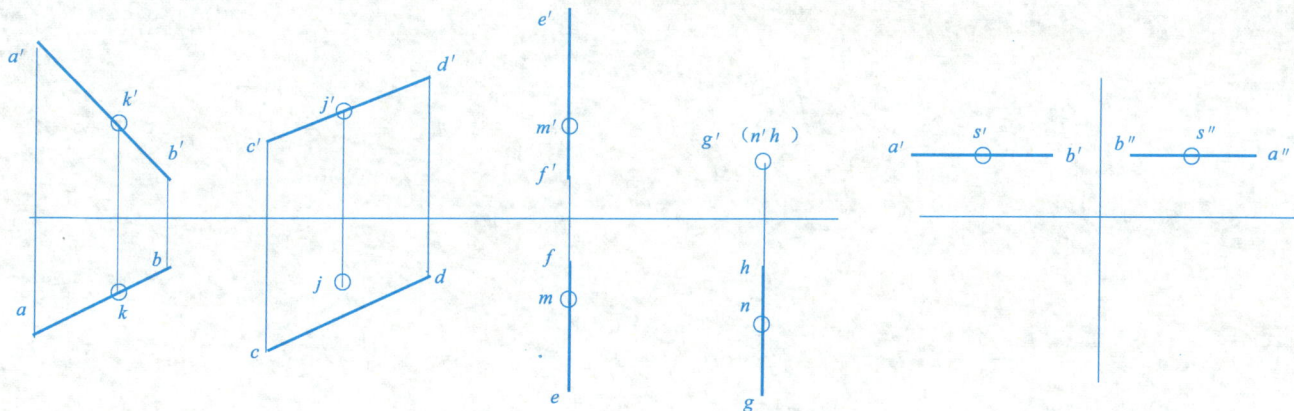

K点＿＿＿AB上　　J点＿＿＿CD上　　M点＿＿＿EF上　　N点＿＿＿GH上　　S点＿＿＿AB上

(7)已知点 C 在直线 AB 上,求作直线及点的其他投影。

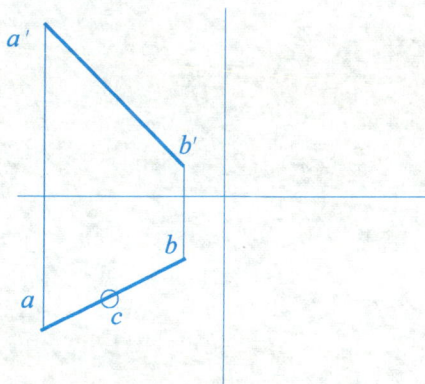

(8)求作直线 CD 上的点 K 的投影,使 CK：DK = 1:3。

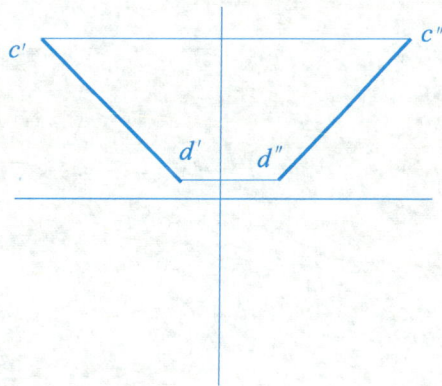

(9)求作直线 EF 上的点 G,使点 GH 面的距离为 15mm。

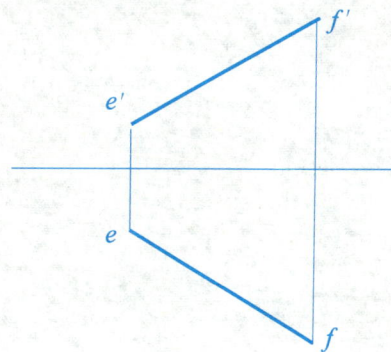

(10)已知直线 *AB* 的两面投影,求作其实长和对 *H* 面 *V* 面的倾角 α、β。

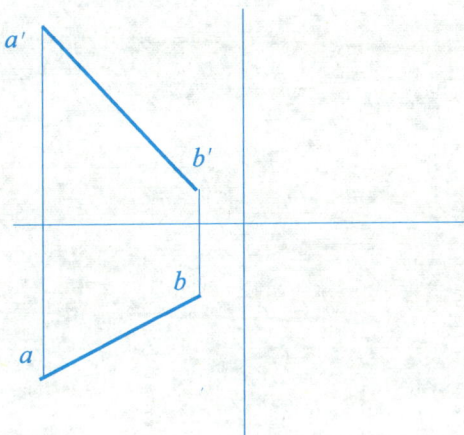

(11)已知直线 *CD* 的 *V* 面投影及点 *C* 的 *H* 面投影,*AB* 长 25mm, 试补全直线的 *H* 面投影。

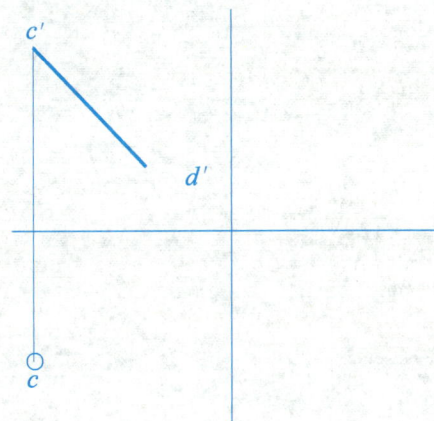

(12)已知直线 *EF* 的 *H* 面投影及点 *E* 的 *V* 面投影,α = 30°补全其 *V* 面投影。

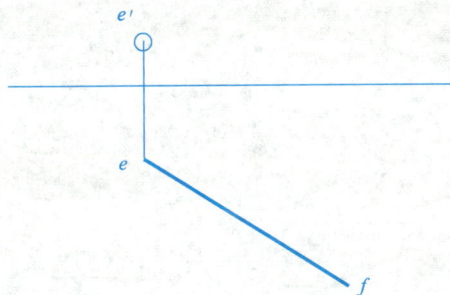

5. 平面的投影练习(一)

(1) 根据立体图,在投影图上找出△ABC、△ACD、△ADE 三面投影图其对投影面的相对位置。

(2) 在投影图中作出平面 P、S、Q、R、T 的另两个,并在表中填写的投影,在立体图中标出各平面的位置,并填表。

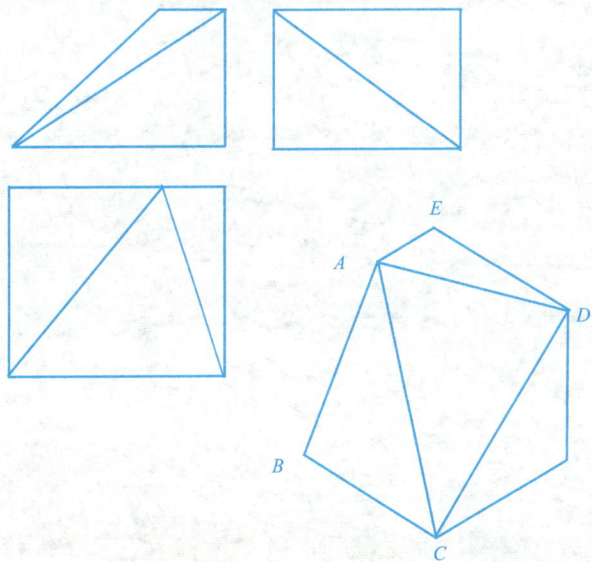

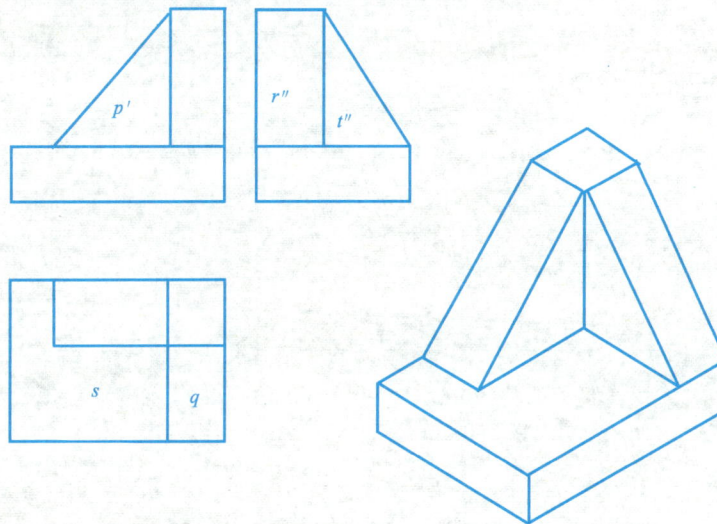

平　面	对投影面的相对位置
△ABC	
△ACD	
△ADE	

平　面	对投影面的相对位置
P	
S	
R	
T	
Q	

5. 平面的投影练习(二)

(3)指出下列各平面的空间位置,填在横线上。

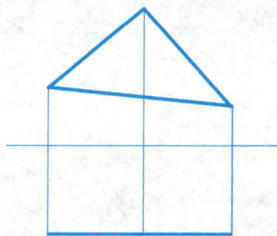

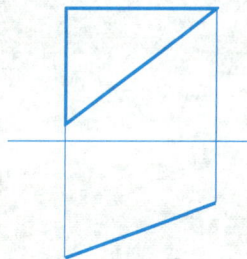

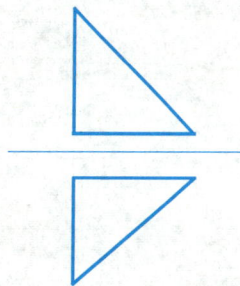

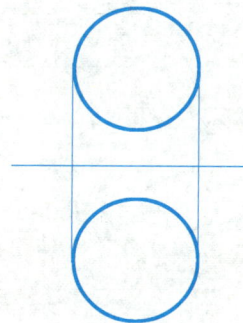

(4)作出平面的第三面投影,并判别平面的空间位置。

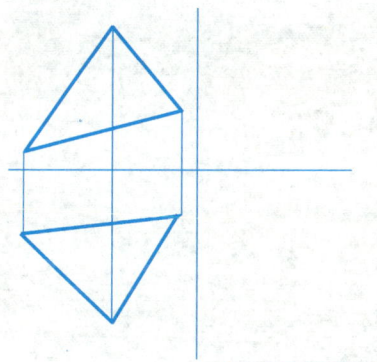

(5)试判别下列各点是否在同一平面内。

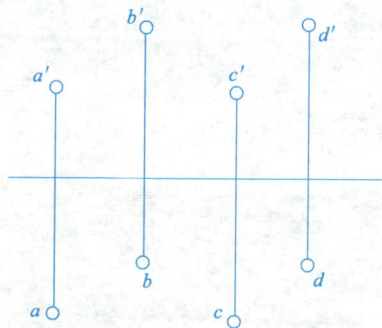

A、B、C、D _____ 同一平面内

(6)判别点 M、N 是否在三角形平面上。

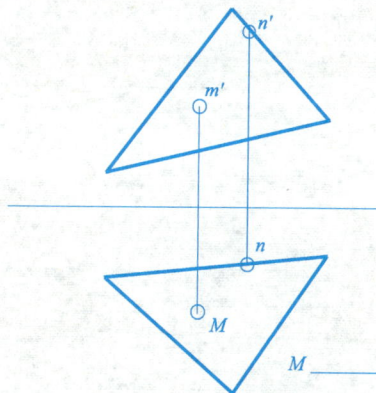

M _____ 平面上

N _____ 平面上

(7)已知点 M、N 在平面 ABCD 上,求作它们的另一投影。

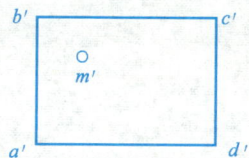

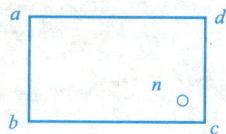

(8)试完成平面图形的 V 面投影。

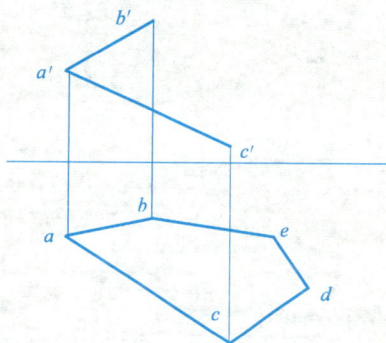

(9)作平面内 K 字的 H 面投影。

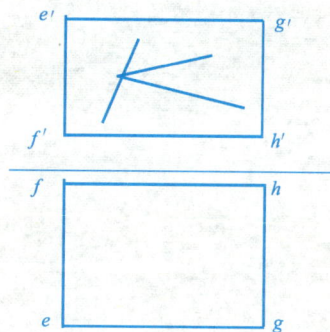

(10)完成平面图形的 *H* 面投影。

(11)求作平面内的 *K* 的 *H* 面投影和直线 *MN* 的 *V* 面投影。

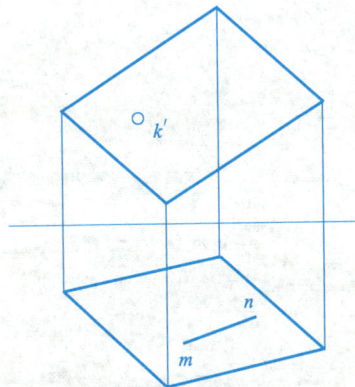

(12)判别直线 *CD*、*BE* 是否在平面三角形内。

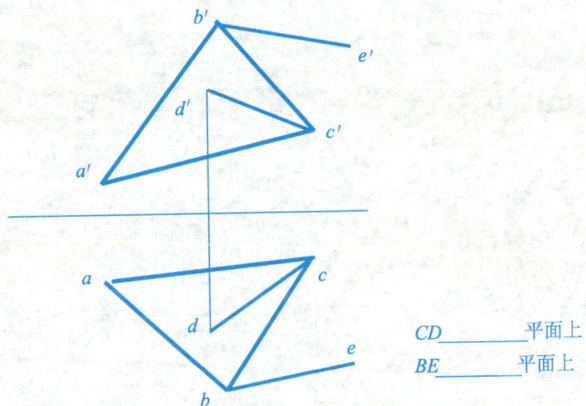

CD＿＿＿＿平面上

BE＿＿＿＿平面上

(13)在平面内作一条距 *H* 面 20mm 的水平线。

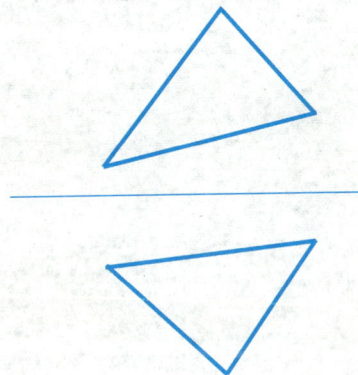

6. 体的投影练习(一)

(1)对照立体图找三面投影,在圆圈内写出对应图号。

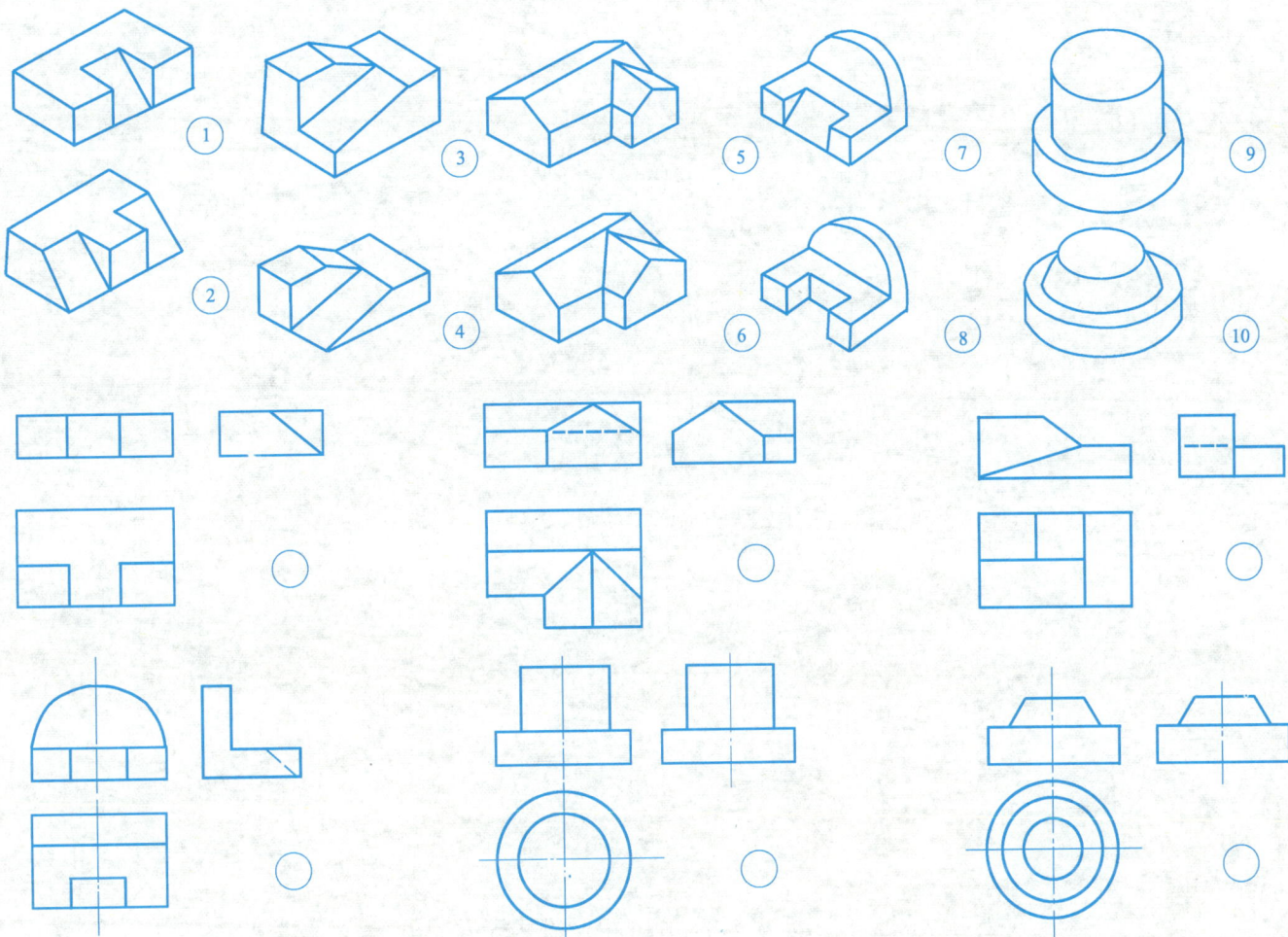

(2)补全形体的第三面投影。

1)

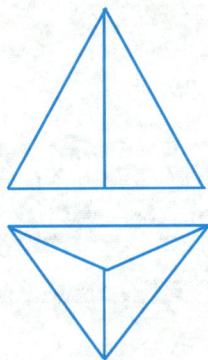

2)

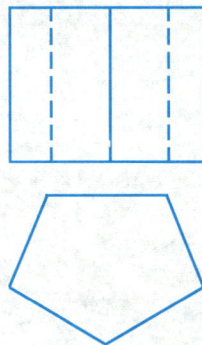

3)

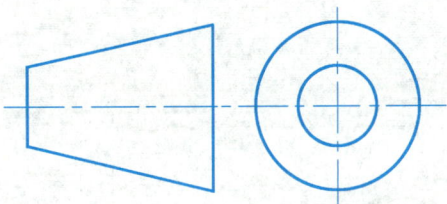

4)

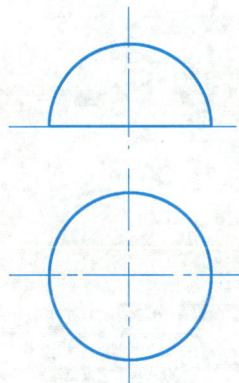

6. 体的投影练习(三)

(3)已知三棱柱体高 20mm,底面 ∥ H 面且距离为 5mm,作三棱柱的
投影图。

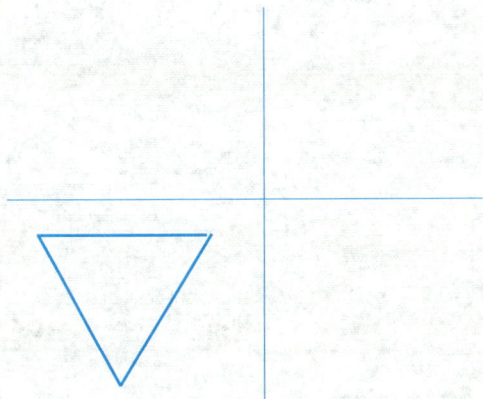

(4)已知五棱锥高 28mm,底面 ∥ H 面且距离为 5mm,作其三投影。

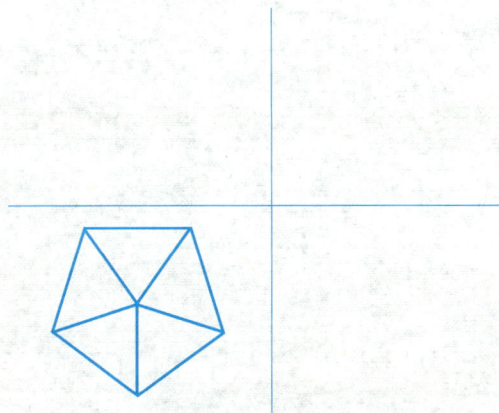

(5)求作形体表面点的另两个投影。

1)

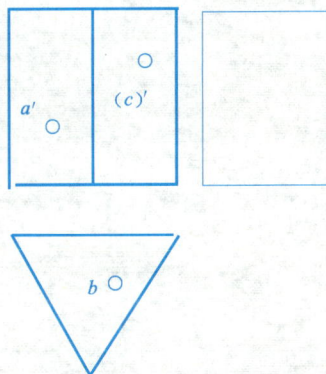

2)

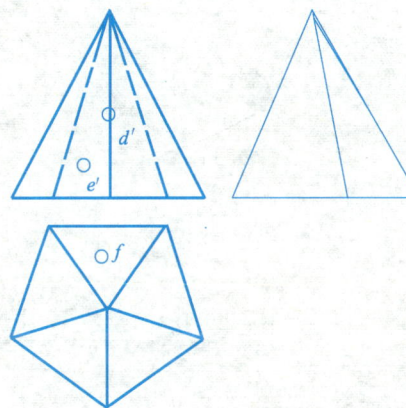

21

(6)补全曲面体表面的点的投影。

1)

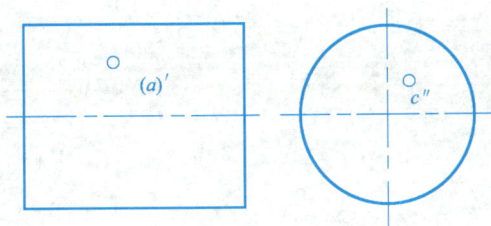

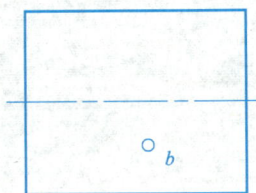

2)

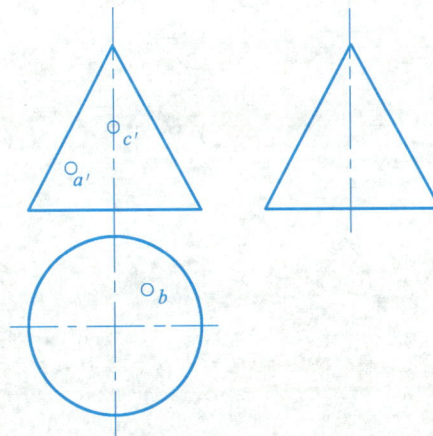

3)

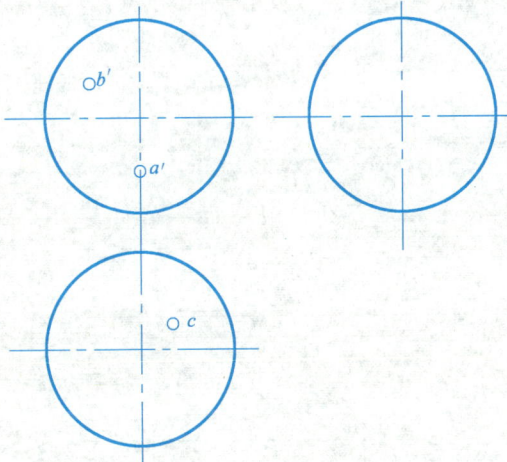

（7）根据立体图补全其投影图。

1)

2)

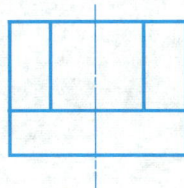

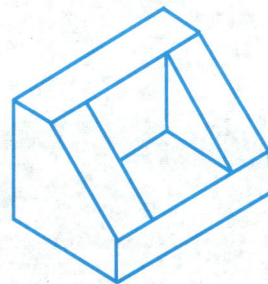

3)

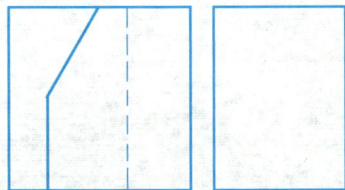

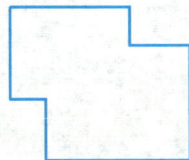

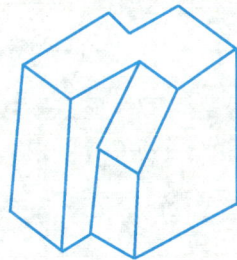

4)

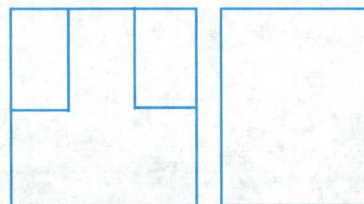

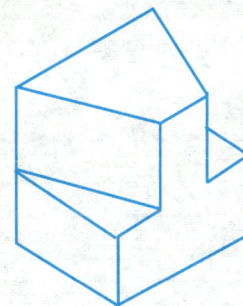

(8)根据立体图,作组合体的三面正投影图。(尺寸从图中量取)

1)

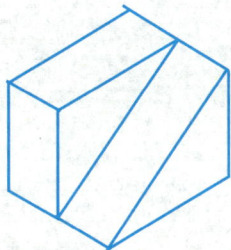

2)

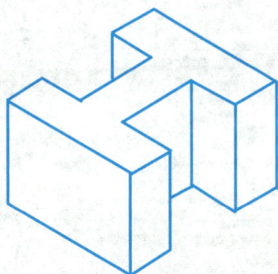

3)

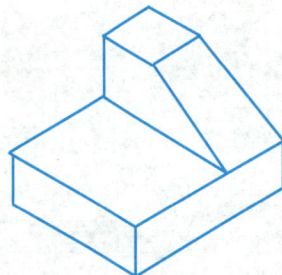

4)

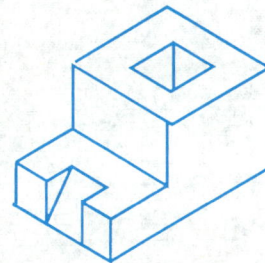

5)

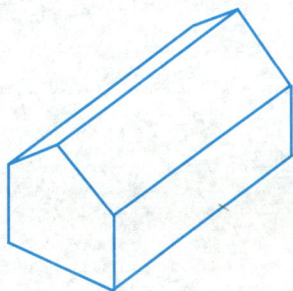

6)

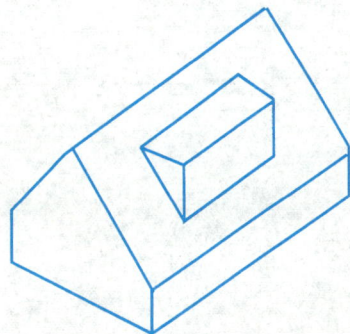

7)

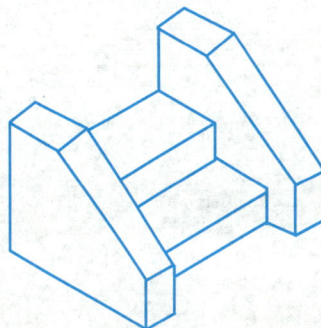

8)

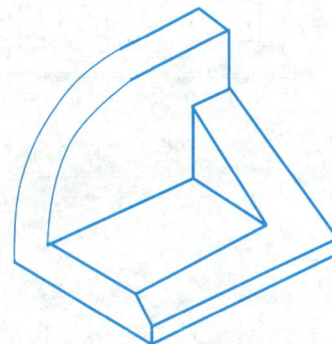

(9)作组合体的投影图,并注写尺寸。

1)

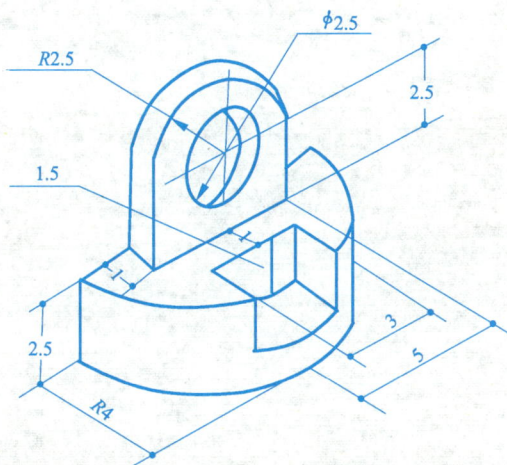

2)

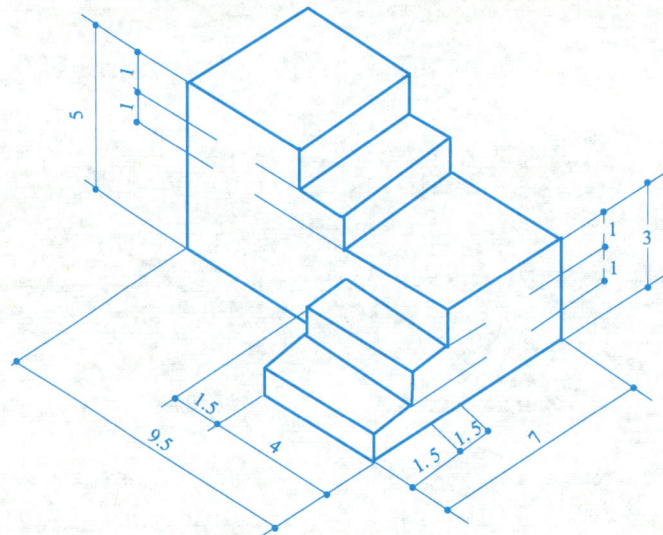

3)

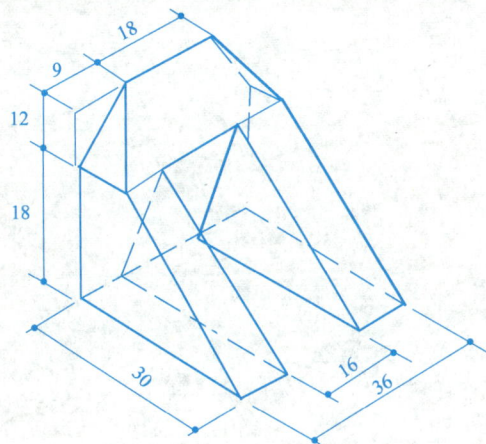

4)

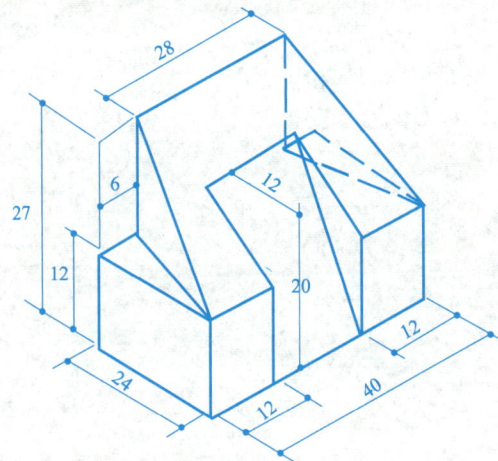

6. 体的投影练习(九)

(10)已知形体的两面投影,补画形体的第三面投影图。

1)

2)

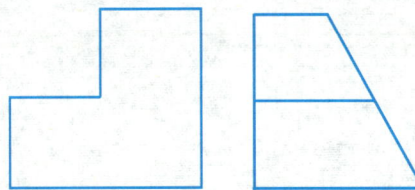

3)

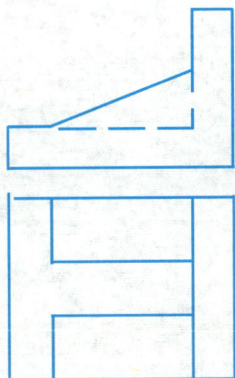

4)

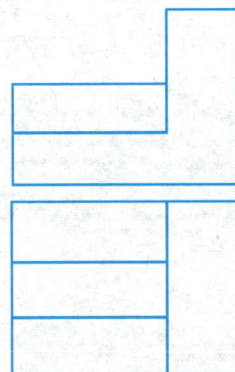

27

5)

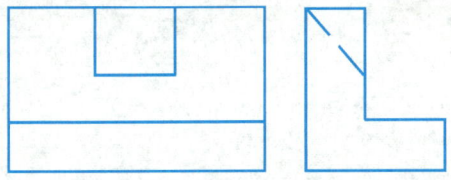

6)

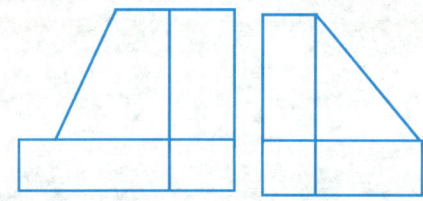

7)

8)

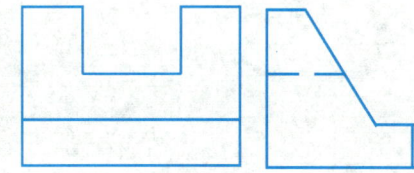

9)

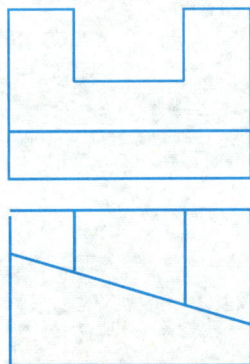

10)

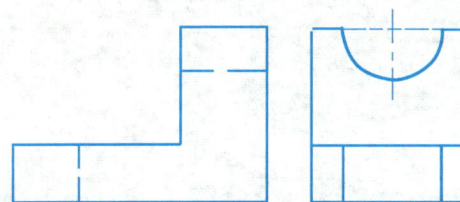

11)

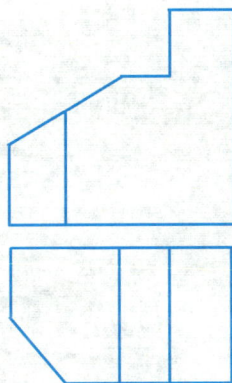

12)

7. 轴测图投影练习(一)

(1)补全形体的第三面投影图,并画正等测图。(尺寸从图中量取)

1)

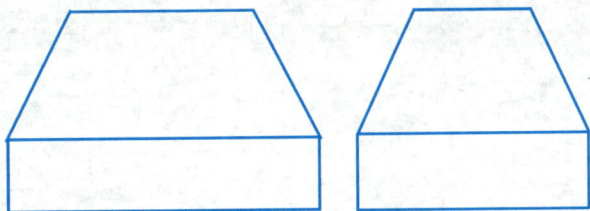

2)

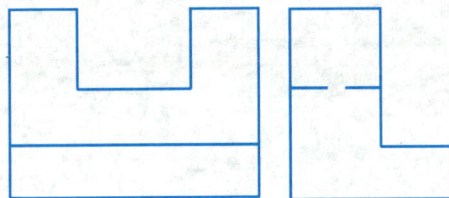

3)

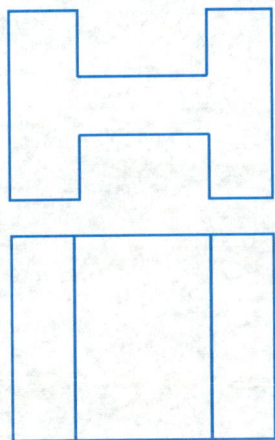

4)

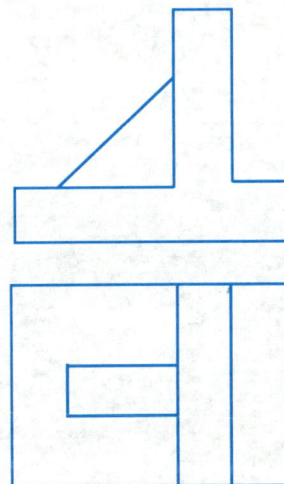

5)

6)

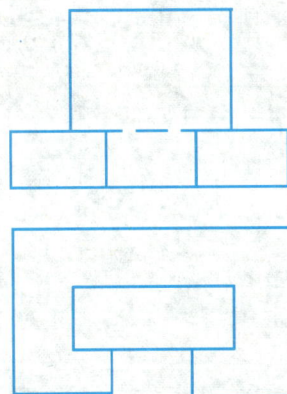

7)

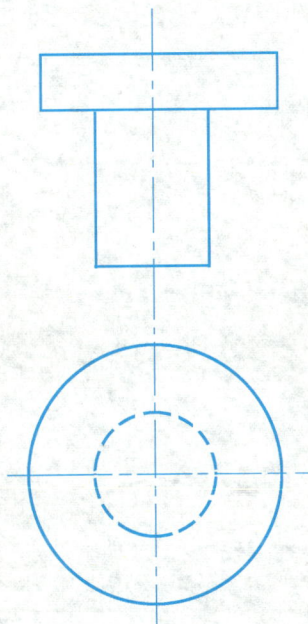

8)

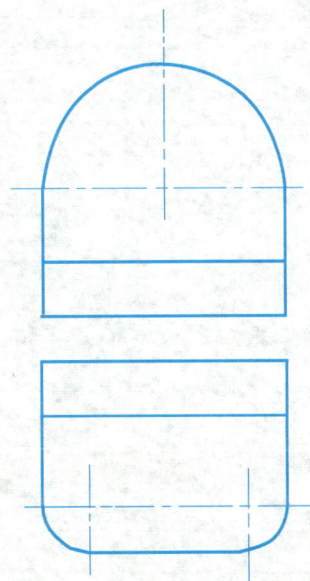

9)

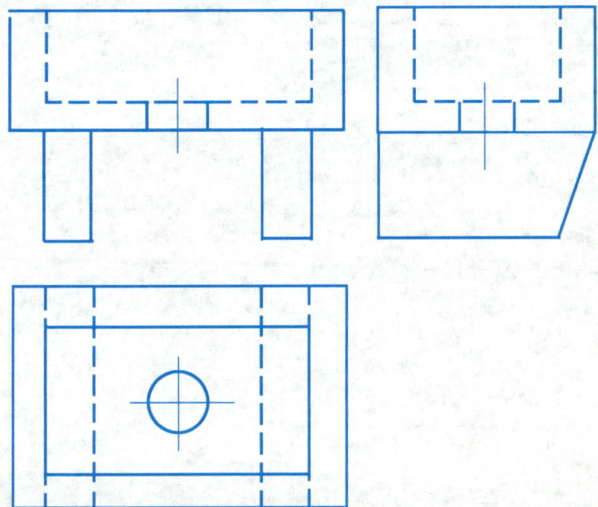

10)

7. 轴测图投影练习(四)

(2)根据正投影图,作斜等测图。

1)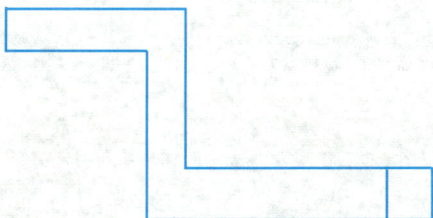

2)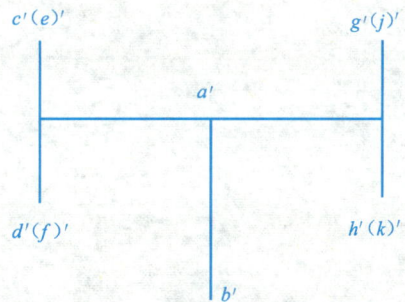

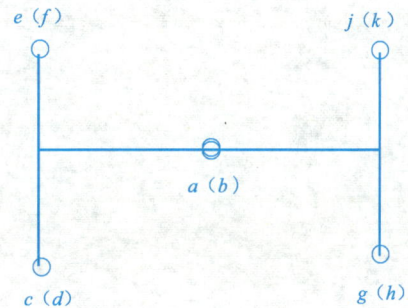

3)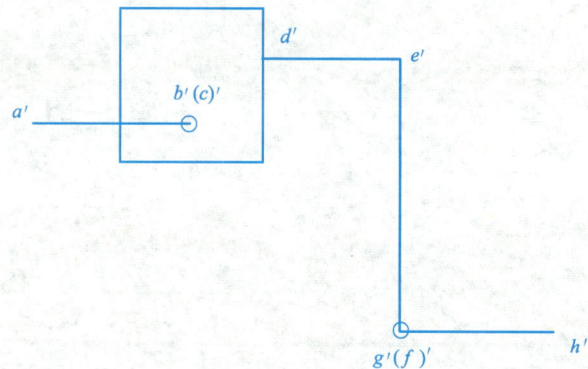

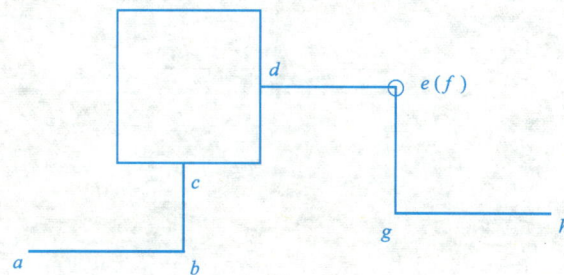

(3)作组合体的斜二测图。(可在原投影图上作图)

1)

2)

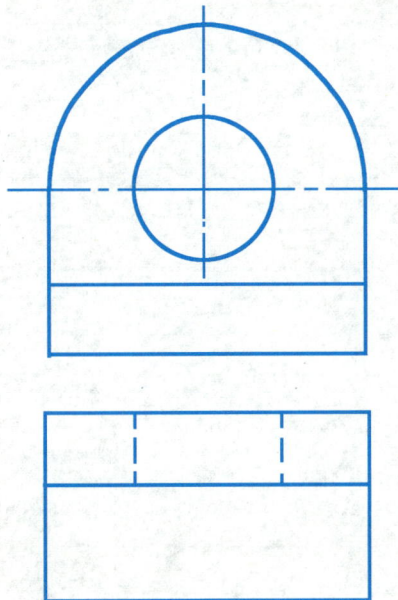

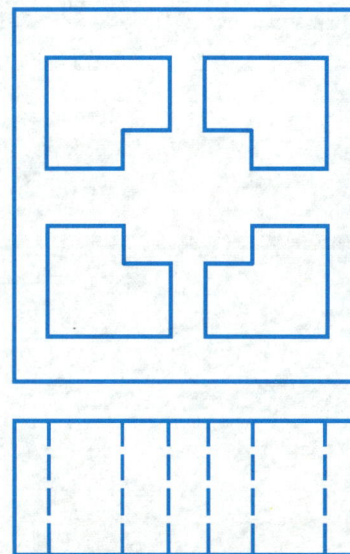

3)

4)

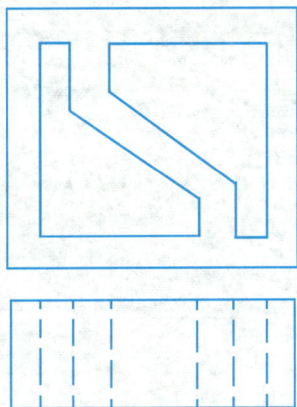

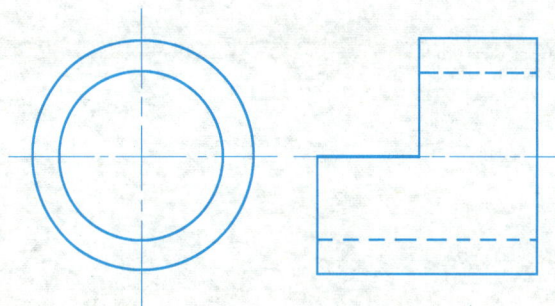

7. 轴测图投影练习(七)

(4)选择合适的轴测图类型和投影方向作轴测图。

1)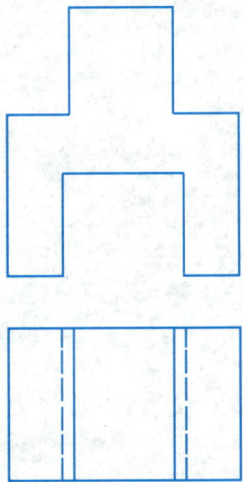

2)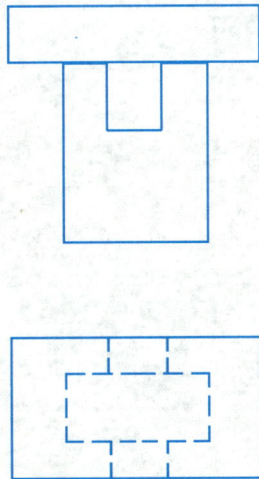

3)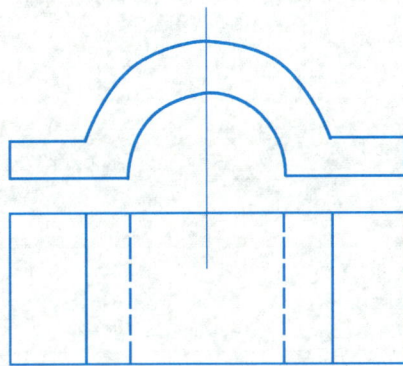

4)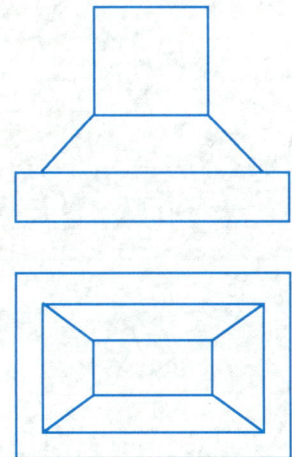

8. 剖面图投影练习(一)

(1)画出下列形体的剖面图。

1)
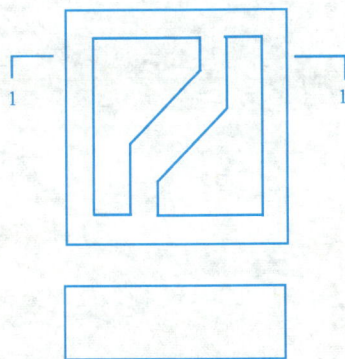

2)
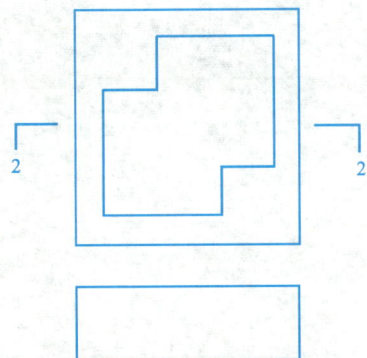

3)

(2)把已知的投影图画成剖面图。

1)
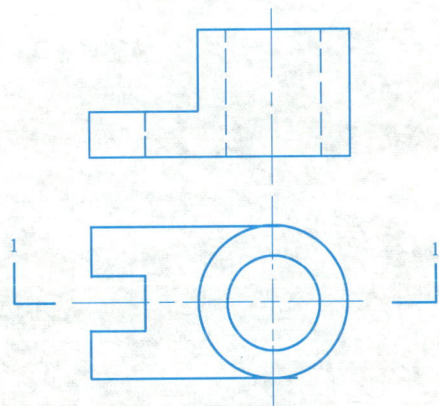

2)
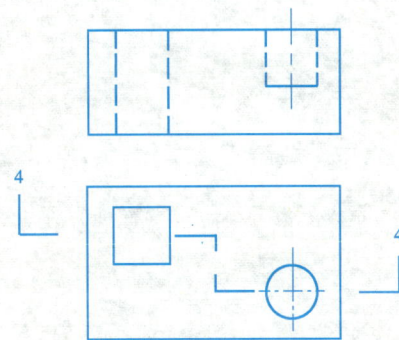

8. 剖面图投影练习(二)

(3)根据投影图画半剖面图。

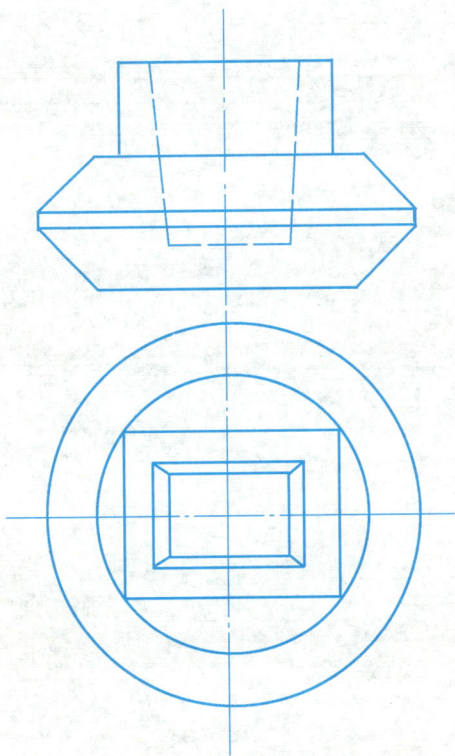

(4)画出 1-1 旋转剖面图。

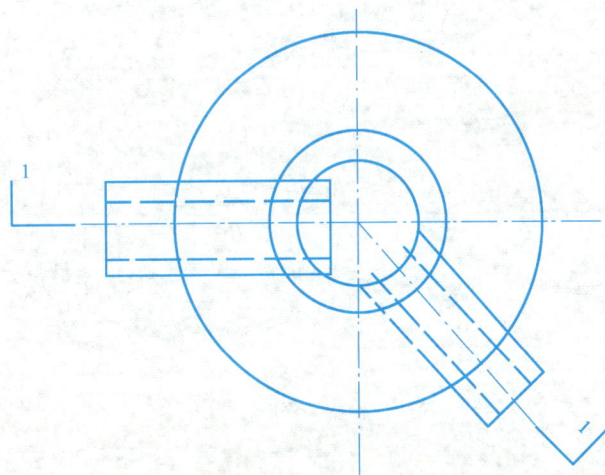

(5)按指定位置画断面图。

1)

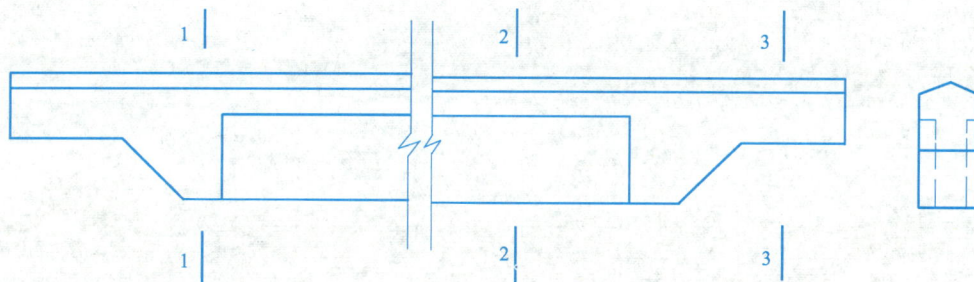

2)

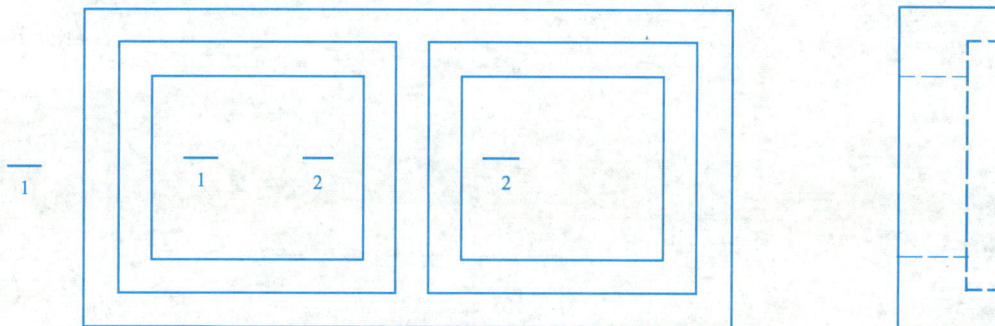

9. 给水排水工程图基本知识(一)

(1)给水排水工程图__分为_____和_____两大类。

(2)室内给水排水工程图包括_____、_____、_____、_____和_____。

(3)室内给水排水工程图一般用_____轴测图表示。

(4)说明下列图例所表达的内容。

9. 给水排水工程图基本知识(二)

(1)室内给水排水施工图是室内给水排水_____的依据。

(2)室内给水排水平面图常用比例是_____和_____。

(3)室内给水排水平面图中所抄绘的建筑平面图(包括墙、柱、门窗等)都用_____线表示,而给水排水管道都用_____线表示。

(4)室内给水排水平面图中,立管用_____表示,并用_____注明管道类别代号。

(5)管道系统图中所注标高为_____标高,在给水系统图中,管道标高应标注_____标高;在排水系统图中,管道标高应标注_____标高。

(6)卫生设备的安装详图中,管道一般用_____图表示。

(7)在下划线中说明下列符号的名称,在引出线上说明符号的意义。

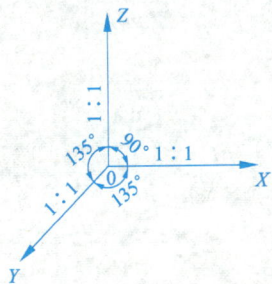

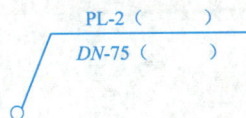
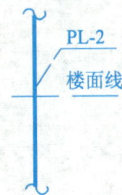

(a)　　　　　　　　　　(b)

_____　　　　_____　　　　_____

10. 抄绘给水排水工程图

(1) 目的

1) 熟悉给水排水工程图的提示内容和图示方法。

2) 掌握绘制给水排水平面图和系统图的方法和步骤。

(2) 内容

抄绘教材中图 6-10、图 6-11、图 6-12 所示的某办公楼给水排水平面图和系统图。

(3) 要求

1) 图纸:3 号图纸 2 张。

2) 图名:室内给水排水平面图、室内给水排水系统图。

3) 比例:室内给水排水平面图、系统图均采用 1:100。

4) 图线:给水排水平面图和系统图中的给水排水管道线宽度为 0.8mm;各类卫生设备外形轮廓线宽度为 0.4mm;建筑平面图中的墙体门窗等的轮廓线的宽度均为 0.2mm,尺寸线、引出线、标高符号和标注数字等的宽度均用 0.2mm 的细实线。

5) 字体:汉字写长仿宋体,数字及字母写标准字体。图名写 7 号字,注解及说明等写 5 号字;比例、轴线编号、管道系统编号的数字和字母写 5 号字;管径、尺寸、标高等数字和字母等写 3.5 号字。

(4) 绘图步骤

1) 平面图。

① 先画底层给水排水平面图,再画其他楼层和顶层给水排水平面图。

② 在每一层平面图绘制时,首先抄绘建筑平面图,然后画卫生器具或水池的平面图,再画管道平面图,最后标注尺寸、符号、标高和注写说明。

③ 在画管道平面图时,先画立管,然后按水流方向画分支管和附件,对底层平面图则还应画引入管和排出管。

2) 系统图。

① 先画各系统的立管。

② 定出各层的楼地面积屋面。

③ 在给水系统图中,先画引入管,再画立管。在立管上引出横支管和分支管,再在各支管上画水龙头以及洗脸盆、大便器、冲洗水箱的进水阀门等;在排水系统图中,先画排出管,再画立管,在立管上画横支管和分支管,在各支管上画出存水弯、地漏等。